U0167058

Design Wisdom in
Small Space
小空间设计系列 III

CLOTHING SHOP
服饰店

陈兰 编

辽宁科学技术出版社
·沈阳·

如何通过设计提升空间价值

毋庸置疑，恰到好处的设计是可以提升空间的使用价值的。对于服饰店来说，空间的合理规划与装饰对促进销售能够起到非常重要的作用。通常情况下，服饰店设计包括店面形象与空间规划等，除了遵循一般公共建筑设计的原则外，还应突出反映服饰店自身的特征及周围购物环境的气氛。其中，对改建扩建的服饰店，设计需要注重新旧建筑形式与风格的协调。

服饰店店面形象（门头及招牌）

没有创意的设计必然无法为销售带来动力。店面是诱导目标消费者的重要一环，设计的原则是尽量吸引路人驻足，建议以简洁、大气、整体、稳重、易记为主。

店面包括服饰店所处位置的景观、建筑、灯箱、遮阳篷、入口与橱窗。立面造型应与周围建筑的形式风格统一，墙面划分与比例尺度适宜，重点突出，主从关系明确。服饰店匾牌、店标以及广告、标志物等的位置、大小要安排得当，尺度相宜，并具有明显的识别性与导向性。入口与橱窗是服饰店店面设计的重点，其位置、大小及布置方式要根据服饰店的平面形式、地段位置、店面宽度等具体条件确定，

方式多样，格调不一。醒目的入口与橱窗展示服饰店的个性且能起到吸引顾客的作用，设计时需仔细推敲。

充分利用边缘空间，如廊柱、入口两侧及可有效利用的临街活动空间，同样重要。这些空间的巧妙利用通常会带来亲切感、舒适感，并具有一定的诱导性，其具备开敞、灵活，便于购物、休息和观览等特点。

色彩能很好地创造气氛，表达情感和激发购物心理，因此在服饰店店面设计中应给予重视。服饰店店面设计要正确运用色彩的对比与谐调，以达到加强造型、丰富造型和完善造型的目的。色彩是最易创造视觉效果和表现魅力的手段。

正确运用材料可以增添自然生动的气息，其色彩和肌理质感往往需加以重视。用于店面的材质应坚固耐用，并有一定的抗腐蚀能力和色泽牢固度。服饰店店面装饰可选用标准的材料，点缀重点部位可选用高级材质，尽量就地取材，以降低成本。（图1）

图1

图2

图3

橱窗是吸引顾客的重要因素，无须太过复杂，但要足够吸睛，一般需要留出2~5个模特位置，当然也可以放一些引人注目的小装饰物件。橱窗具备传达信息、展示产品、营造格局与品位、吸引顾客的作用，橱窗陈列是品牌的灵魂所在，从橱窗可以看出服饰店风格和品牌风格。但就目前来看，橱窗陈列设计缺乏新意，不少的橱窗只为陈列去陈列，只是一堆服装与模特的胡乱搭配、机械堆积，根本无法抓住品牌的核心。

收银台一般规划在墙角，以不占服装陈列面积的位置为最佳。陈列区避免设置得过于密集，要留出充足的放置镜子的空间。观察顾客主要入店的方向，确保流动路线通畅，通道设计要长，商品目之可及，一目了然，容易摸到，容易拿到。小型服饰店通常以"L"形或"Y"形动线为主。另外，如果面积允许，可以设置一个或几个中岛，也可以简单放个沙发和茶几，最好与试衣间相邻，这样顾客试衣服、下单的可能性会变大。（图2~图4）

服饰店陈列设计

合理的陈列可以提高产品价值，提升品牌形象，刺激销售，方便购买，节约空间，美化购物环境。优秀的服装陈列技巧可

服饰店空间规划

通常情况下，服饰店空间应具备橱窗、收银台、陈列区和试衣间。如何合理布局需设计师对品牌的背景和风格进行深入了解，从而让空间发挥出优异的功能。

图4

以有效提升销售效率。服饰店基本的陈列原则包括：按内部商品系列分区；按色系分区；按新旧款分区。

如下陈列技巧，可供参考。

正挂装

* 正挂服装的数量根据服装的厚薄控制在 4~5 件之间，若是秋冬比较厚的服装，控制在 3~4 件之间（或视陈列架长度制定数量标准）。

* 正挂服装一律小一码的在前，大一码在后。

* 正挂服装的衣架方向一律是衣钩开口方向朝左，呈"？"形面对顾客。

* 正挂应注重内外 / 上下搭配，品种要丰富，不能太单一，确保款式、面料、印花相同的货品不要重复摆在一起。（图 5）

侧挂装

* 侧挂（包括中岛）需注意服装间距均匀，服装和服装之间的距离保持在 3~5 厘米。

* 一组侧挂服饰的颜色不能超过 4 个。

* 侧挂服饰要与相邻的正挂服装相呼应，形成自然过渡。（图 6、图 7）

叠装

* 在陈列架的层板或者展台、收银台

图 5

上，根据需要安排叠装的陈列方式，整体显得更加丰富与平衡。

* 层板上同款同色 2~4 件叠放，并且保持叠装上下大小厚薄一致。

* 展台、收银台上的陈列需体现附加值，展示不同的可搭配销售的产品。

图 6   图 7

图 8

图 9

图 10

配饰

* 鞋的吊牌尽量放在鞋里面，保持清洁，鞋底贴上透明胶，鞋子内的填充物不可以外露，高筒靴用专用支架填充。

* 背包塞满填充物，使其保持原样，包带应整理整齐，吊牌不外露。

* 皮带挂在饰品墙上展示，要注意长短、宽窄、数量都要保持均衡。一个挂通陈列 2~4 条皮带比较合适，前窄后宽，长短一致或前短后长。

* 围巾要熨烫平整，可配合模特或正挂搭配展示，也可挂放在饰品墙上，但要注意采用适当的细节手法，增强展示效果。

* 眼镜、钱包等小饰品注意时常保养清洁，可配合模特或正挂搭配展示，也可搁置在专用饰品架上。（图 8~图 10）

"WILD STUDIO 服饰店是 Offhand Practice 室内建筑设计工作室到目前为止最具实验性的一个项目，其目标是'套'住所有路过它的人。在这个项目中，设计师把'wild'（原生）和'practice'（实践）作为灵感来源的关键词，在不同阶段深耕于过程并反复尝试各种可能，直至呈现出最理想的状态。"

WILD STUDIO服饰店

项目地点：
江苏省南通市大生众创园区 2 期 311

设计机构：
Offhand Practice 室内建筑设计工作室

摄影版权：
胡彦昀

项目背景与设计理念

WILD STUDIO 服饰店位于江苏省南通市大生众创园区，是一个为生活而生的独立服装设计品牌，旨在坚持自由舒适，追求内在自我与好奇。店铺上下两层，南北朝向。建筑一层南侧独立出来作为展示空间，其余则为业主的工作室。

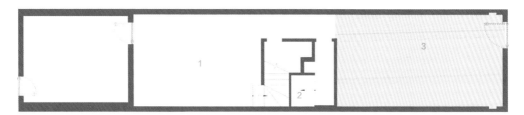

初始平面图
1. 工作区
2. 卫生间
3. 原有工作区

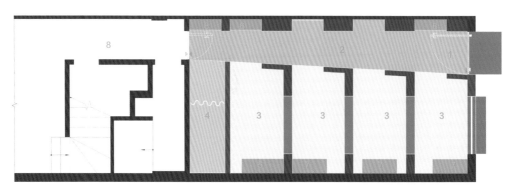

平面图
1. 玄关   5. 收银台
2. 隧道   6. 陈列架
3. 展厅   7. 展示台
4. 试衣间   8. 工作室

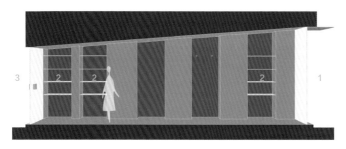

隧道剖面图
1. 入口
2. 陈列架
3. 工作室

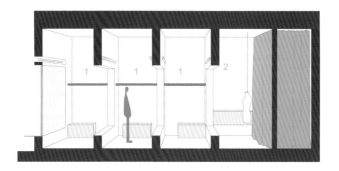

展示区剖面图
1. 服饰展示区
2. 收银台
3. 试衣间

初到现场，4 米 ×8 米的空间一目了然，没有太多限制，但也相对少了些特色。这种看似"自由"的空间实则更难入手。如经常提及的，设计的出发点皆由场地的各种局限或特点所生发。那这作为商业空间的局限是什么呢？是不是太枯燥无聊，又缺乏动线呢？因此，设计的挑战便浮现出来，即如何在仅有 32 平方米的空间内创造出有趣的动线，让人在进入空间后停留较久，也能兼顾商业需求。

空间内原有的卫生间和楼梯位于整栋建筑的中心位置，自然而然地留出一条连接展厅与工作室的人行通道。设计师便顺势利用这条现有的人行通道，将它延伸至展厅的入口，在平面上形成一条轴。同时将此处天花的高度处理成从入口处逐渐变矮，宽度也逐渐变窄，让这条轴在视觉上无限延伸，形成一条隧道。

在隧道末端与工作室相连接的地方，光透过一扇磨砂的玻璃门渗入隧道内，让沿街的行人从外往内看时会被这道光吸引进店。隧道内选用深褐色作为主色调，用来强调它的深邃感。

隧道旁的空间则需囊括橱窗展示、陈列、收银、试衣功能。为了将这些功能合理又有趣地纳入剩余的 20 平方米中，设计师想到使用单一回环曲线的动线布局。

依照这四大功能，设计师采用等形分割的方式将空间一分为五。从动线上让人在步入空间后以多次折返的方式进入每个小空间。通过回环往复的方式让客人在无意间参观完室内的每个角落并与各个小空间内陈列的商品产生互动。

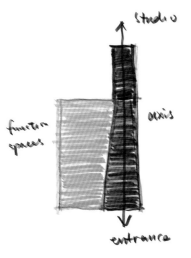

平面示意图

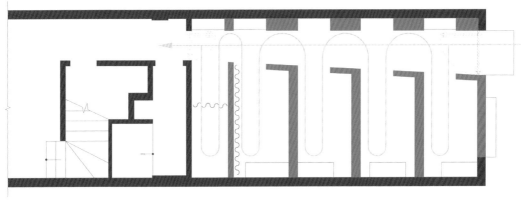

动线示意图

每个展厅以一道墙分隔开来，并以方框的形式开了同等大小的窗洞。当行人从外向里看时，会因为这三个连续叠加的框而产生"递归"的视觉感受，这种感受引导着人将视线聚焦在展厅的末端，因此，设计师将橱窗安置在视线的焦点处。这时，橱窗更像是一个艺术装置，其陈列效果更大程度地被凸显。

服饰展示区内墙体的两侧安装了长条形壁灯，让客人不论正对或者背对窗口，都能体验到这种"递归"的视觉感。隧道右侧的墙体嵌入了用以陈列服装配饰的层板，这些层板嵌在与展厅通往隧道出入口对应的框架单元内。同时在每个框架单元内壁上方挖出了"天光"，进一步强调了隧道的纵深感。

隧道内层板的裹材是业主亲自剪裁与制作的成果。除此之外，对外立面的肌理也做了很多尝试，用业主从工厂中捡回来的废弃零配件创造出一些特别的肌理效果，虽然最后还是选用了成品涂料，但在过程中依然收获了很多新的体验与感知。

空间内的石材展示台，也是设计师与业主、工厂师傅一同探讨摸索的成果，甚至连切割下来的边角料都被悉心带回，用在了其他项目上。

44m²

ZEUS+ΔIONE品牌旗舰店

项目地点：

希腊雅典

设计机构：

en-route-architecture 建筑事务所

摄影版权：

帕纳约蒂斯·瓦拉乔迪莫斯

（Panagiotis Voumvakis）

项目背景与设计理念

ZEUS+ΔIONE 品牌旗舰店位于雅典，其设计理念是充分展现品牌的形象与特有的价值观，同时要为不同季节的服饰打造恰到好处的展示背景。设计师巧妙运用材质和光线，为静态的空间带来微妙的动感。

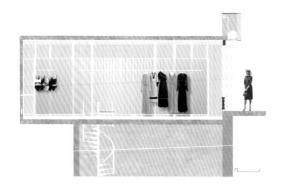

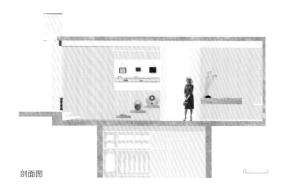

剖面图

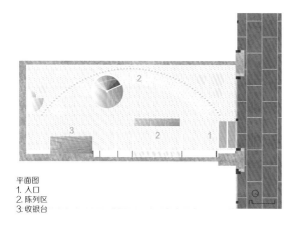

平面图
1. 入口
2. 陈列区
3. 收银台

室内布局以简约的造型为基础，整个空间犹如包裹在轻柔悬浮的材料之下。蜿蜒的半透明隔断排布在两侧，如同在保护着中央核心区域，打造视觉上的开阔感，同时增添了神秘的氛围感。玻璃陈列台和更衣室同样被纳入中央核心区域，玻璃隔断增强隐私性，并带来趣味十足的光影效果。陈列结构或悬浮，或突出，或凹陷，与蜿蜒的玻璃隔断相互呼应，并勾勒出不同的场景。

所有饰面材料都经过重新处理或修饰，以打造轻盈的通透感—— 木质墙壁纹理清晰，玻璃隔断褶皱不平，大理石地面浮雕精美。巧妙而独特的处理方式让人不禁联想到古希腊建筑，美感十足且极具艺术气息。设计师运用了间接照明，与后墙处放置的大落地镜形成互动，进一步增强了空间的开阔感。

"这里既是物质的庇护所，又是简约美的艺术殿堂，无论是一块大理石、一片金属，还是一件衣服，都闪烁着艺术品的光环！"

炼金士服饰店

项目地点：
希腊米克科诺斯岛
设计机构：
KOIS 联合建筑事务所 (Kois Associated ARCHITECTS)
摄影版权：
乔治·法基纳基斯（www.gsfak.com）

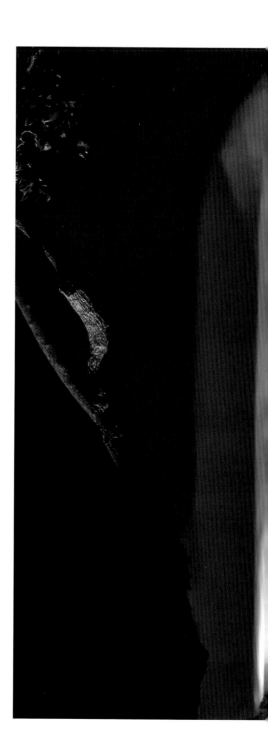

项目背景与设计理念

这个项目坐落在米克科诺斯岛中心区，主要任务包括室内外空间设计，宗旨是凸显空间的简约美，为店内的服饰提供一个完美的展示空间，同时注重材质的品质与艺术性。

入口处两个照明装置散发出柔和的光线，引领着顾客到来。入口大门采用深色橡木材质打造，粗糙而焦化的纹理在视觉上增强空间的体验感，与内部简约而精致的空间似乎形成了鲜明的对比。店面橱窗中水平放置的 LED 屏幕和圆形的镜面打造出强烈的互动感—艺术般地映射出屏幕中播放的图像，格外引人注目。

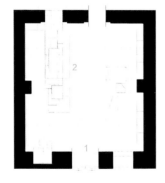

平面图
1. 入口
2. 陈列区

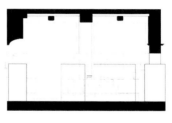

剖面图

空间中央的拱门结构与大理石门框凸显了传统的建筑特征以及清晰的几何造型，呈现出建筑的原始状态。形状各异的大理石随意摆放，散发出平和冷静的气息。这些迷人的大理石如同散落在空间中的古老雕塑碎片，设计师将其比作白色的画布，与装饰用的金属、木作、镜子以及 LED 屏幕完美结合，吸引着每一位走进来的顾客。黑色金属陈列架如同装饰线条一般，环绕着大理石结构展开，以优雅独特的姿态诠释着自身的功能——展示店内的服饰。自然光线与照明光源相得益彰，既点亮了空间，又突出了商品。

深色地面与白色大理石形成鲜明的对比，营造出强烈的空间感。设计师专门在入口左侧摆放了一面镜子，巧妙地反射出照明光线，为室内增添了些许动感与诗意。

陈列台周边的墙壁上镶嵌着沿水平方向延伸的木板。设计师借鉴了原本建筑外墙上的水平线，将其引入室内，并运用在长椅的靠背、放置菜单的凹槽、门的把手上。此外，沿着这条线，在入口处的墙壁上安装了镜子，将室外的街景投射在墙面上。这些背景招揽着人们从室外走进室内，沿着长椅直至室内尽头的卫生间。

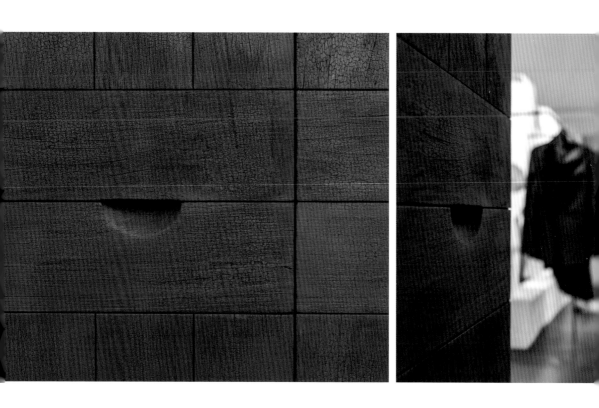

"这里犹如私人后花园，安静而美丽，让顾客在喧嚣的都市中享受独特而静谧的购物体验。"

日常服饰小众买手店

项目地点：

泰国曼谷盖颂生活购物商城

设计机构：

Subject Subject 事务所

摄影版权：

猜亚瓦·猜亚乔

等距透视图

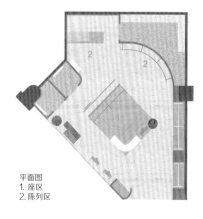

平面图
1. 座区
2. 陈列区

项目背景与设计理念

这是一个源自泰国本土的小众成衣品牌，其产品以优质的面料、精致的设计和简约的线条为特色，推崇休闲、日常的美感。店铺位于曼谷高档的盖颂生活购物商城内，其设计以打造热情、轻松的购物氛围为主要理念，专注于在喧嚣都市以及各种刺激中寻求片刻的平静与安宁。

店铺外立面的设计灵感源自玻璃温室——带有外露钢架的矩形窗格结构特色十足，格外引人注目。天花专门打造了人造天窗，营造出更加开放、通透的感觉。设计师致力于在室内打造充满自然气息的感觉，衣服陈列架上粗糙的石头装饰、温暖的木材、生机十足的植物以及沿墙四周摆放的砾石都是对这一理念的完美回应。除此之外，设计师还巧用对比手法，例如，展示架和长凳特有的光滑表面和简洁的几何形状与石材粗犷的造型和纹理。

整个空间的动线围绕中心座区而展开，清晰而高效。透明的帘子与木头、石材装饰形成对比，柔和与坚固并存。另外，设计师专门运用了品牌特有的珊瑚橙，以中和石材和木头所带来的的平凡无奇的感觉，为空间注入生机与趣味。户外活动是设计理念的灵感源泉，设计者带着同样的目标，旨在为顾客提供一处静谧的购物场所。

"这是一家位于希腊市中心的服饰店，其设计灵感源自 20 世纪 70 年代的风格，并深受希腊包容性文化和市场趋势的影响。"

$70m^2$

DAZED精品店

项目地点：

希腊特里卡拉

设计机构：

pluslines 设计工作室

摄影版权：

卡洛吉安尼斯·埃琳娜

项目背景与设计理念

DAZED 精品店位于城市中心区的一条小商业街内，业主希望赋予其现代特色。设计师采用简单直接的方式打造整个空间，清晰的线条、规整的几何造型以及有序的曲线被大量运用，旨在营造一个幽静放松的购物环境。色彩选择以突出店内商品为主，致力于打造完美的陈列背景。店内使用的主要材料包括瓷砖、木材、铁艺制品及乙烯地板等。窗帘成了主要的装饰元素，而在特定空间内摆放的不同形状的镜子起到了在视觉上扩大空间的作用。

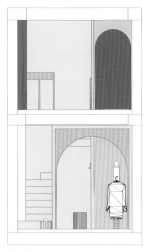
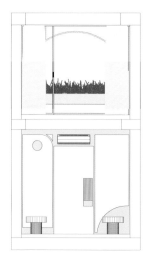
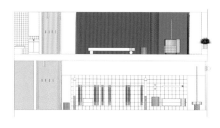
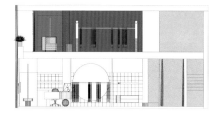

剖面图

一层位于地下，面积为 35 平方米，包括收银台、陈列区、两个试衣间、两个展示橱窗以及通往上层的楼梯。在有限的面积内，如何有效地将不同功能区区分开来是设计过程中面临的主要挑战。

首先，设计师将入口移到店面中央的位置，并在左右两侧设置展示，方便路人看见店内的场景以及进来逛逛。陈列区延续展示橱窗的设计主题，方便顾客浏览与选购。其次，收银台规划在左侧，并在中央放置家具，以形成一个环形动线。再次，试衣间和楼梯并列布置在店内的最后方。

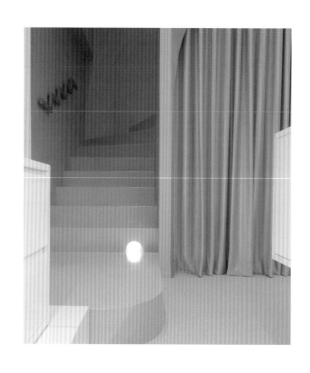

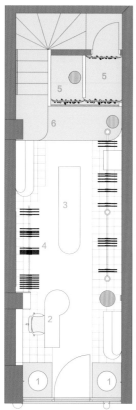

一层平面图
1. 展示橱窗
2. 收银台
3. 中央家具
4. 陈列区
5. 试衣间
6. 楼梯

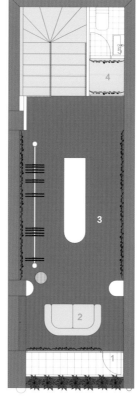

二层平面图
1. 植物阳台
2. 休息区
3. 陈列区
4. 试衣间
5. 卫生间

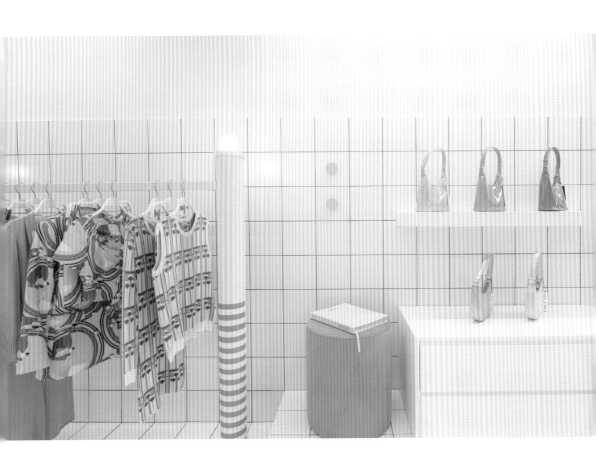

颜色在空间功能划分上起到了重要的作用。一层休闲服饰区采用白色装饰，能够更好地突出商品。黄色、蓝色以及橙色作为空间的补色，如黄色的楼梯、橙色的家具以及蓝色点缀的试衣间。

楼上空间包括陈列区、试衣间、休息区以及卫生间等。在设计风格上依然延续一层的主题，注重简约性。窗帘特别选择了缎面质感的材料，增添了空间的正式感。由于这里展示的是设计师服饰，因此在装饰细节上略有不同。在一层作为空间补色的蓝色、橙色和黄色成了这里的主角，以更好地展示商品。

此外，在二层设计了一个植物阳台，打造了一个典型的希腊家庭露台的场景，增添了温馨舒适的气息。夜晚在照明灯光的辅助下，这里更具人间烟火气。

$80m^2$
Parah 精品店

项目地点：
意大利维罗纳

设计机构：
FORO 工作室（FORO Studio）

摄影版权：
FORO 工作室

项目背景与设计理念

FORO 工作室负责 Parah 精品店的设计，其主旨是关注环保和前沿材料的运用，与客户不断对话，从而打造一个独特的形象，赋予项目本身以思想和灵魂。他们注重营造情感和感官体验，实现空间与人的对话。毋庸置疑，这是一种全新的设计趋势。

这一项目的设计灵感源于国际时尚风格，而该品牌恰好是国际时尚的代表。设计师巧妙运用对比手法以获得平衡，如在材质的选择上，总是冷暖对应。现代感是主要基调，通过家具和配饰呈现出来。但与此同时，传统的独特性也不可忽略。

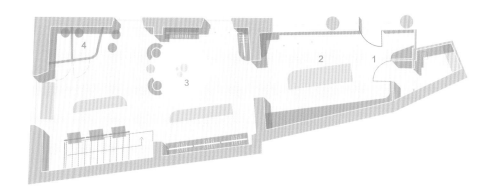

平面图
1. 入口
2. 柜台
3. 陈列区
4. 试衣间

店内部分墙壁采用镶板覆盖，并由粉色绒面革装饰，垂直的条带形状制造出独特的韵律感，让沉闷的环境呈现出亲密而含蓄的吸引力，为店内的商品打造出完美的背景。其中粉色调的选择参考了皮肤的颜色，唤起自然而平静的购物体验。

其他部分墙壁则由一种名为 Sillipol 的石头材质打造，即由斑岩、花岗岩和细粒大理石组合而成，并通过高抗白色混凝土黏合起来。这种材料具有特别的染色效果，多孔而柔和，呈现出天鹅绒般的触感。

陈列架以象牙色钢材为支撑结构，抽屉柜采用粉红色漆涂饰，格外引人注目。半透明聚碳酸酯制成的照明装置放置在陈列架上，打造出恰到好处的光学背景。

剖面图

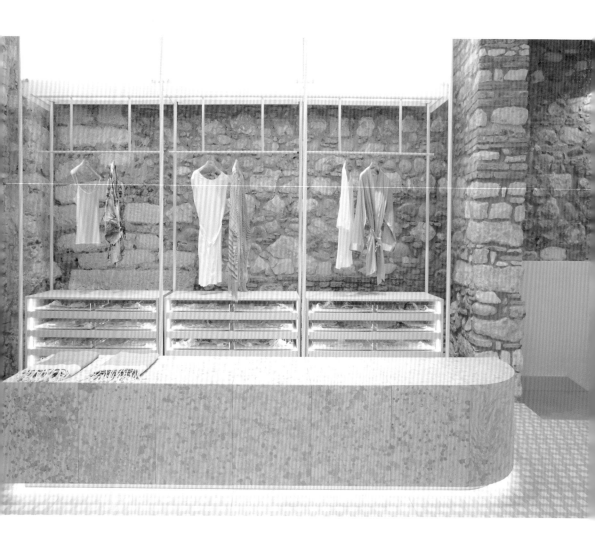

色调、材质以及家具的运用完美呈现出品牌特色，营造出独特的空间氛围，并突出店内的商品。所有的元素都是为了衬托商品，让其能够真正地讲述品牌故事，为顾客带来良好的购物体验。

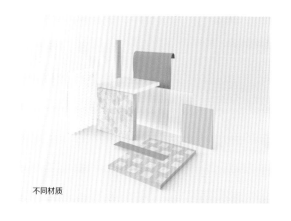

不同材质

"服饰是人的表情，愿这个新空间可以成为'往夕'的表情。"

81m²

往夕服装工作室

项目地点：
北京菁英梦谷国际创意园

设计机构：
帕姆建筑设计咨询（北京）有限公司
（PaM Design Office）

摄影版权：
帕姆建筑设计咨询（北京）有限公司

项目背景与设计理念

往夕服装工作室是一家独立设计师品牌店，空间设计起源于服饰，更应该是面料的那种卷曲与自由，和那种难以言说的丰富触感。设计以面料为出发点，从形态到材料，借此来塑造空间与服饰品牌的一致性。

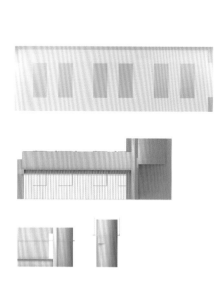

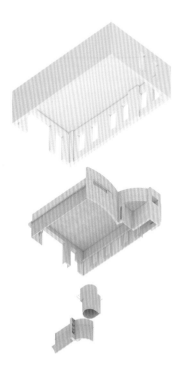

分析图

草图

整个空间在功能上依据使用需求分为
五个部分：主展示区、试衣间、盥洗区、
工作室和会客茶歇区。

主展示区被空间的裙摆笼罩，以加强
它自身的整体性，墙身上半部分下沿
卷起，露出下半部分的格栅，像少女
掀起裙角，它也是服装展示的背景。

试衣间正对空间入口，一反常规。对
于独立设计师品牌来说，更衣是一个
非常重要的环节，是一种仪式感。它
承载着"之前"与"之后"中不可或缺、
无法替代的功能，像一个魔术地带，
是品牌的中转站，传递着品牌的性格
与姿态。

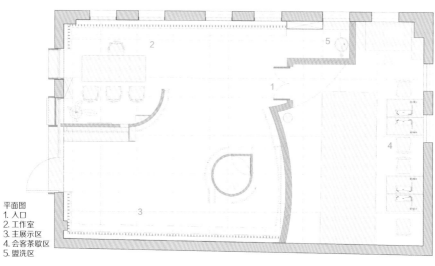

平面图
1. 入口
2. 工作室
3. 主展示区
4. 会客茶歇区
5. 盥洗区

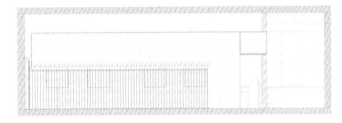

服装工作间是师傅工作的区域，噪声较大，因此将其设置在空间最隐蔽的区域，但它又是为整个工作室提供能量的场所，应该拥有更多的表情来暗示自身隐藏的张力，同时这些表情也会构成展示空间的一部分。盥洗区作为空间的配套，被塞在夹缝之中，它是这个空间的"兜儿"。

会客茶歇区为半封闭空间，半高的弧面矮墙使之与主展示区局部分隔，一侧开放，同时墙面的长条窗洞处理使会客茶歇区与空间入口保持视觉上的联系：半卷珠帘是为谁，举杯敬往夕。

"设计师以圆形为主题打造了一个和谐的空间，而服饰成了这里名副其实的主角。"

84m²

An&Be 服饰概念店

项目地点：
西班牙马德里卡德埃莫西利亚

设计机构：
帕特丽夏·布斯托斯设计工作室
（Patricia Bustos Studio）

摄影版权：
J.C. 德·马科斯（@jcdemarcos）

项目背景与设计理念

An&Be 是一个源自西班牙的服饰品牌，拥有自己的制造商与材料供应商，其店铺空间设计注重软硬元素的结和，旨在体现自身的工艺与质量。店内的窗帘以及一些装饰元素都是由该品牌旗下的工匠制作完成的。

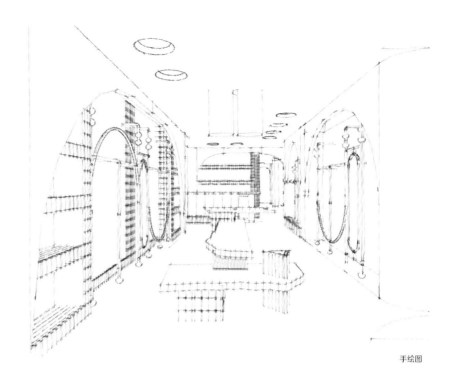

拱形隔断、天然石材、天然藤条、混凝土块、花岗岩、陶土砖被大量运用，彰显了当地手工工艺特色，创造了一个永恒的空间，并完美展示了精致的细节。进入店内，会情不自禁地被其散发的原始美感和特有的和谐氛围所吸引。服饰作为真正的主角犹如藏品一般不断地呈现在眼前，格外引人注目。这是一场建筑与服饰的对话，而设计师通过这一对话讲述了一个传承与创新的故事。

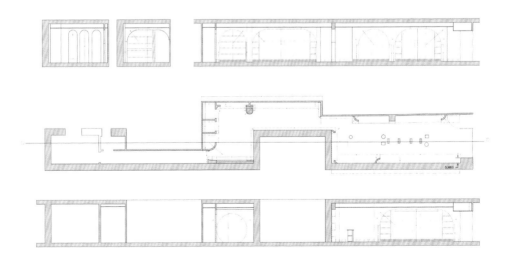

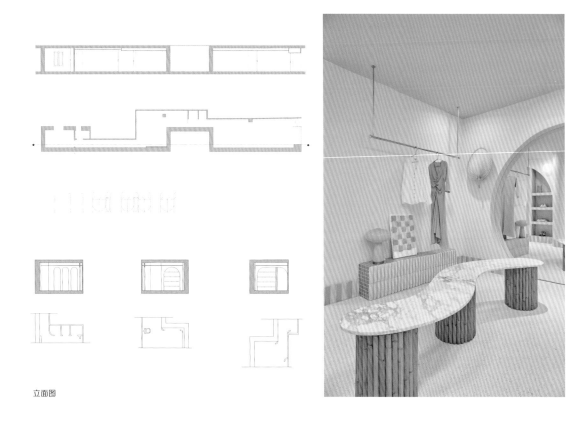

立面图

设计师运用了大量圆形和曲线，其灵感源于品牌自身形象。另外，镜子的运用
巧妙地将进来的每一位顾客融入进来。

店内家具和饰品以大地色为主，与天花、拱门以及踢脚线的暖色系形成鲜明的对比。中央长桌、柜台以及试衣间的长凳分别采用石灰华大理石和粉色葡萄牙大理石打造，精美而富有个性。整个空间的踢脚板采用不同色调的陶土板拼贴而成，营造出和谐统一的氛围。照明设计以突出服装以及营造温馨气息为宗旨。

材质

"设计师以现代风格表达日本的别致，以江户时代的消防员和一种独特风格的布店为灵感源泉。"

火消魂品牌店

项目地点：
日本东京浅草

设计机构：
AtMa 设计公司（AtMa inc.）

摄影版权：
石川成德（Shigenori Ishikawa）

项目背景与设计理念

浅草是一个受欢迎的旅游目的地，也是一个从江户时代开始作为购物和娱乐区繁荣起来的地方，至今仍保持着市中心的氛围。这家店铺由浅草的购物商场一角的一座具有历史外观的两层老建筑改造而来，以"新与旧的交汇"为主要设计理念，尊重周围的既有环境，但又不失特色。

设计师并没有彻底清除原有的一切，相反尽可能地保留或重新运用具有丰富叙事效果的原有元素，增添空间的层次感。旧元素与新元素的巧妙结合创造了独特的室内空间，如灯笼标识重新使用了代表江户时代消防员旗帜的新图形，与建筑外观上新增的霓虹灯标识完美搭配。在一层，原来的水磨石地面被重新使用，与新水磨石固定装置形成了有趣的呼应。仿古木的混凝土梁柱在如今很难制作，因此保留了原样。每一层都被赋予不同的购物氛围：一层，简单而现代，主要展示 T 恤和一些小物件。

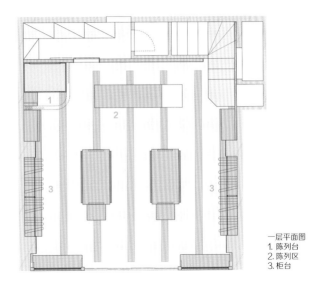

一层平面图
1. 陈列台
2. 陈列区
3. 柜台

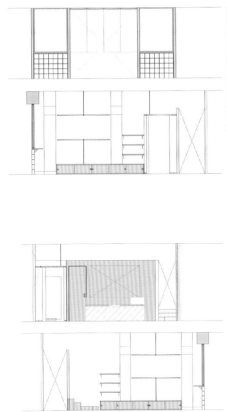

一层室内立面图

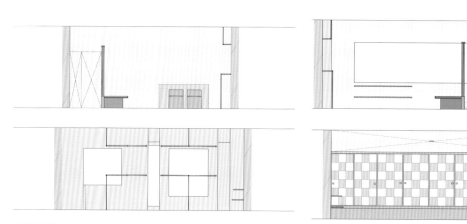

二层室内立面图

二层以江户时代的布店风格为主，如凸起的榻榻米座区、划分空间的滑动面板等元素被充分运用，这里主要用于展示日式风格短外套、袜子、鞋类以及定制产品。由木质艺术品装饰的新木墙唤起了人们对触感的关注，PVC瓷砖下原有的砂浆地板被重新使用，墙面和天花的建筑结构保留了原有的纹理，这些都是日本传统的室内元素。

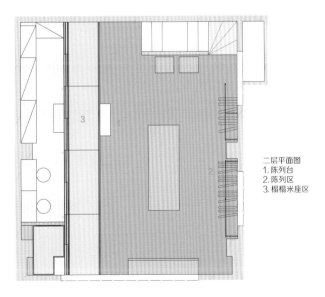

二层平面图
1. 陈列台
2. 陈列区
3. 榻榻米座区

在施工过程中，曾出现一个有趣的小故事——当剥掉二层PVC瓷砖地板时，设计师发现了胶水的痕迹。这些痕迹看起来像日本传统的波浪图案（SEIGAIHA），这种图案在日本自古以来就被视为好运的象征，并在无限的波浪图案中表达着永远幸福的愿望。设计师使用了另一种日本传统的图案棋盘格（ICHIMATSU），这也是一种备受欢迎的图案，寓意繁荣。

"不恰当的处理方式会让物品丧失自身的价值，就好像是一张被胡乱揉皱的纸。反之，精心的设计可以赋予无序的事物新的含义与统一性。"

SVALKA 设计师二手服饰店

项目地点：
俄罗斯圣彼德堡

设计机构：
mptns 设计事务所

摄影版权：
安东·伊万诺夫

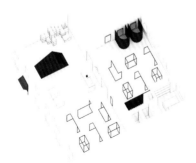

轴测分析图

平面图
1. 接待台
2. 陈列区一
3. 陈列区二
4. 试衣间

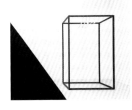

项目背景与设计理念

这是一家全新的设计师二手服饰店，其设计理念基于有意识的消费观念。设计师认为，每件物品都可以用独特的方式展示出自身拥有的价值。在这一项目中，设计师巧妙运用立方体，建立一套自成体系的设计逻辑与标准。

大厅中央的楼梯是整个设计的亮点，引领顾客从一层门店入口直接走向二层。为了强调这一空间布局的独特性，设计师专门沿着楼梯打造了一个倾斜的立方体，象征着从混乱到有序的完美过渡。穿过楼梯，便可到达一个简约整洁的空间。这一楼梯装置如同整个室内序章中的重音，赋予了空间全新的意义，将简单的空间转化成艺术品。

 →

无用事物　　　　　　　有序排列

最终成品

有序排列 ⟶ 模块化

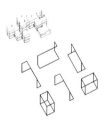

环保 ⟶ 循环

概念图

服饰店主要由两个大厅组成。其中，第一个大厅包括一处图书角与一个极简主义的接待台。接待台前设有大型立体展柜，用于摆放联名产品。接待台右侧则是服装售卖区域，摆放着一系列独特的立体衣架。在第二个大厅内，同样摆放着立体衣架以及配备两个试衣间。

由于业主计划在未来增加试衣间的数量，因此设计师在墙面上打造了带有照明设备的更衣镜，方便顾客能够快速试穿外套或搭配饰品。当然，这一设计的巧妙之处在于，业主可以自行订购安装窗帘，将更衣镜前的空间转化为完整的试衣间。

艺术 & 科学品牌店

项目地点：
日本福冈

设计机构：
CASE-REAL 建筑设计工作室

摄影版权：
三泽广岛

项目背景与设计理念

这一店铺选址在距福冈市中心大濠公园不远处的一个安静住宅区内。大濠公园是福冈人较为熟悉的城市公园，具有特殊的环境意义。位于公园内福冈市美术馆外墙的红褐色瓷砖具有精美的质地和像陶器一样的光泽，是该地区的代表性材料，被选作空间设计的主题。瓷砖的工艺美与业主推崇的理念相吻合。

整个外立面采用与周围建筑相同的白色漆料喷涂完成，内部使用的瓷砖被运用到店外的地面上。与此同时，瓷砖的使用使店铺与周围环境融为一体，提供了适度的空间联系感。

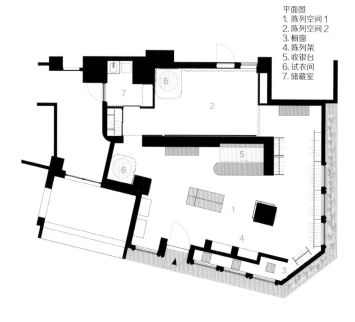

平面图
1. 陈列空间 1
2. 陈列空间 2
3. 橱窗
4. 陈列架
5. 收银台
6. 试衣间
7. 储藏室

店铺位于 1970 年建造的一栋公寓楼的一层，空间中心的原有大框架墙值得关注，而如何处理它也是一个问题。设计师首先制定了一个计划，即让顾客以这面墙为中心在店铺内走动。其次，复制了前面提到的美术馆瓷砖，巧妙地模仿其纹理及使用方式，并加以运用。美术馆使用的瓷砖被称为四分之一缝瓷砖，以 45 度角铺设，整体都被精心覆盖，营造出店铺的特征。还需提到的一点是，除了销售商品外，这里还将举办各种展览。为兼顾这些功能，设计师将这面墙与推拉门相结合，创造出一个灵活的结构，可以无缝地作为一个单元使用，也可以分成两个部分，以墙为边界。

在主立面一侧特意设置了隔断墙，让顾客在轻松的环境中选择商品。这面墙也用相同的瓷砖完成，作为朝向街道的陈列窗。瓷砖不仅用作墙面饰面，还用作固定装置和小型展示工具的材料，以 115 毫米的正方形为模块，定义了墙面和展示部件的所有尺寸，营造出多样化和精致的表达方式。

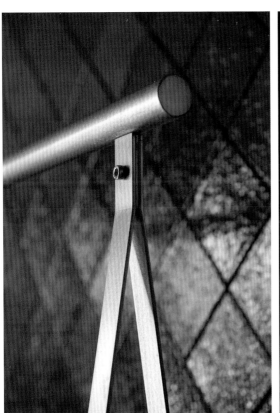

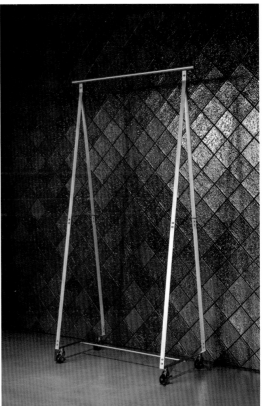

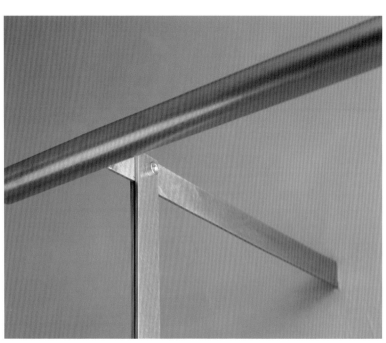

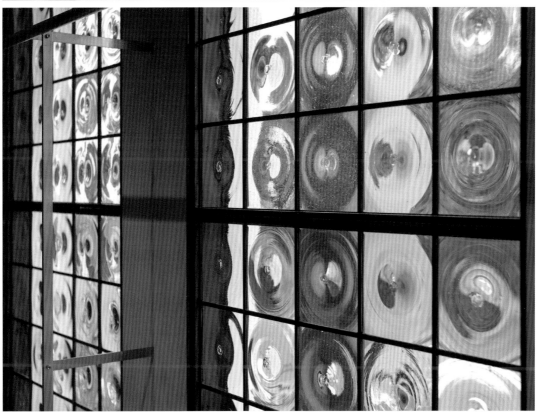

2 如何通过设计营造独特体验

随着社会的不断发展，人们的消费行为呈现出新的变化和趋势，在追求产品和服务个性化的同时，情感需求不断增加。他们不再只是被动地接受，更希望参与到整个环境之中，去感受与体验，从注重产品本身逐渐过渡到注重接触产品时的感受。服饰店是服装营销渠道的重要组成部分，是将商品直接传递给消费者的场所，集中了体验式购物的全过程。如何通过设计带给顾客与众不同的体验在服饰店项目规划中起到非常重要的作用。(图1)

服饰店中的体验通常由三个层次构成：直接体验、间接体验和模拟体验，层层递进，环环相扣。直接体验主要指对店内商品的体现，即让顾客认识商品。间接体验是通过海报、广告、说明书和包装等体现店铺形象的元素来实现的，帮助顾客进行深入了解。模拟体验是让顾客参与到相关场景和活动之中，创造出能够体现商品价值的背景环境，可以通过材质、灯光、场景、造型及陈设等，以店铺的主题和风格为出发点进行设计。

顾客进店之后能够快速感知店铺营造的整体环境与氛围。考虑到服饰店的特殊性，室内空间界面设计充分运用现代设计的空白手法，尽量以简约为

图1

主，把视线转移到服饰本身，产生"大抵实处之妙，皆因虚处而生"的效果。在空间功能分区的组合设计中，应注重环境的舒适和安逸，给购物疲劳的消费者创造缓冲、静心之所。例如，在功能分区中留出方便顾客休息、浏览选购的空间，用一套家用沙发、休闲椅营造出舒适的休息等待环境。试衣间的设计创造出家的感觉，墙面上不起眼的日用品是辅助试衣的工具，

挂衣钩满足了悬挂随身带来的包袋和衣服的功能，一双拖鞋、一个保护发型和妆容的头套在给消费者试穿带来方便的同时，也体现出店铺的人文关怀。另外还需要加入一些小的设计细节，比如打卡区的设计、绿植的摆放，都能很大程度左右店铺的整体环境。抓住产品的特点，设定一个主题，围绕这个主题展开设计，就能创造出独特的风格和意境。(图2~图4)

图2 图3

图4

图5

图6

图7

灯光灯具的设计

灯具造型和灯光色彩是营造室内气氛的重要手段，可以给空间环境带来感染力。服饰店内部的光源主要有自然光和人工光两大类。自然光光源丰富，但光亮不足且不易控制，因此起决定作用的是人工光。不同的人造光源由于本身能量分布不同会产生不同的色光，如白炽灯光源偏黄，荧光灯光源偏蓝。在不同的环境下应选择不同的灯具，并要注意协调服装在灯光色彩下的变化。在服饰店光环境设计中，灯光应聚集在某款主打服饰上，以引导顾客目光的停留，减少过于强烈、变幻的光线，避免给顾客带来不良的情绪。

在设计灯光时，要考虑卖场整体的协调性。整体照明，也称普通照明，主要提供空间照明，照亮整个空间。通常以天花板上的灯具为主。产品照明，指对陈列柜、陈列架上摆放的产品进行加强照明，让其更好体现出产品的面料、做工、质地、色彩等。重点照明，是针对服饰店内的某个重要物品或空间的照明，如橱窗、海报、模特等。在服饰店中灯光起着关键的作用，同样一件衣服打光和不打光，展示效果完全不同，特别是模特、点挂这些单件展示，一定要用射灯进行烘托。

另外，灯光的颜色也要适当，蓝色光给人凉爽、冷酷、迷幻的感觉（适用于夏装），黄色的灯光则给人温暖的感觉（适用冬装）。总而言之，服饰店灯光的亮与暗要根据不同风格和定位来设计，建议少用彩色光，避免杂与乱。（图5~图7）

材料的选择搭配

服饰店设计应充分体现材料的质感和肌理效果，合理选择材料，关注流行色、新材料的时尚性和流行趋势等。如透明或半透明的光面玻璃、毛玻璃和有机玻璃等可用于支撑陈列的货架，从而获得第二层墙面，通过灯光增加深度感。金属材料逐渐成为空间点缀的主角，金、银、黑等多色调的金属制品展现出材料本身的高光和坚硬、冷静之感。用金属材料配以原木或岩石等自然材料进行装饰，在精心设计的灯光衬托下，可闪烁出迷人的光彩。以往所用的金色原木已被来自热带的暗色木材所取代，略带暗灰的白色、栗棕色、巧克力色的热带原木成为一种时尚，而自然材料未经雕琢的颜色能营造出舒适、古朴、安静的气氛。（图8、图9）

图8

图9

"在一个追求身份认同的时代，时尚这一文化现象可以被理解为一种彰显个性的工具，赋予个人以不同的方式塑造自己的身份。"

18.6m²
KoAi 精品店

项目地点：
印度新德里邦切塔尔

设计机构：
PORTAL92 设计事务所

摄影版权：
尼维达·古普塔（Niveditaa Gupta）

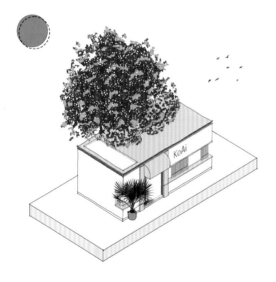

项目背景与设计理念

KoAi 精品店是向拉贾斯坦邦传统手工印花技术——Dabu 致敬的高级服饰品牌。为与品牌理念产生共鸣，设计目标是创造一个柔和的背景，通过重复的模块化细节进行点缀和装饰。整个项目如同一幅布面版画，采用各种功能元素打造这些模块，同时赋予纹理画布柔软和温暖的感觉。这种标志性的元素语言则作为空间和品牌本身之间的缝合线。

整栋建筑呈现纯白色的体量，和谐地坐落在楝树的树荫下，如同被雕刻出来的一般。百叶窗环绕着角落延伸，一直到入口处。穿过石头门，仿佛进入沐浴在阳光下的小岛一般。百叶窗是专门定制的，巧妙的细节处理将不必要的结构隐藏起来，使其在视觉上更加柔和。自然光线透过排列整齐的圆柱的间隙，洒落到空间内，温柔地守护着这里，营造出舒缓而闲适的空间体验感。

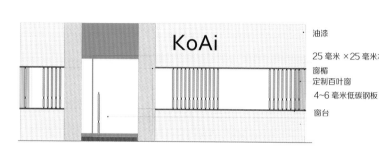

油漆

25 毫米 ×25 毫米木质串珠板

窗楣

定制百叶窗

4~6 毫米低碳钢板

窗台

外观立面图

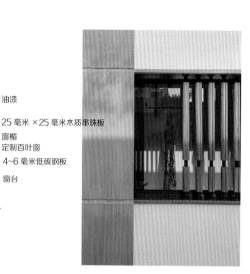

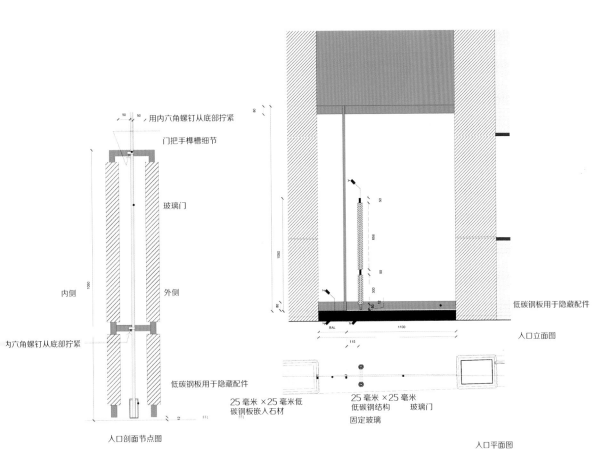

用内六角螺钉从底部拧紧

门把手榫槽细节

玻璃门

内侧

外侧

勺六角螺钉从底部拧紧

低碳钢板用于隐藏配件

25 毫米 ×25 毫米低碳钢板嵌入石材

入口剖面节点图

低碳钢板用于隐藏配件

入口立面图

25 毫米 ×25 毫米
低碳钢结构　玻璃门
固定玻璃

入口平面图

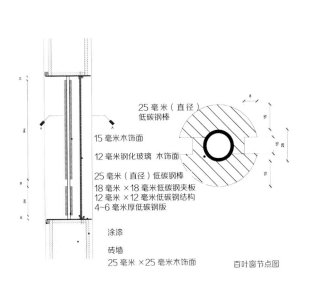

25 毫米（直径）低碳钢棒

15 毫米木饰面
12 毫米钢化玻璃　木饰面
25 毫米（直径）低碳钢棒
18 毫米 ×18 毫米低碳钢夹板
12 毫米 ×12 毫米低碳钢结构
4~6 毫米厚低碳钢版

涂漆
砖墙
25 毫米 ×25 毫米木饰面

百叶窗节点图

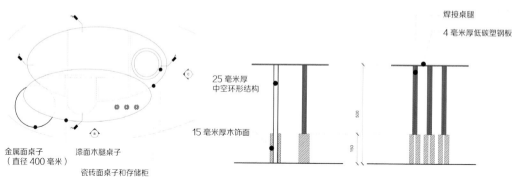

焊接桌腿

4 毫米厚低碳塑钢板

25 毫米厚
中空环形结构

15 毫米厚木饰面

金属面桌子
（直径 400 毫米）

漆面木腿桌子

瓷砖面桌子和存储柜

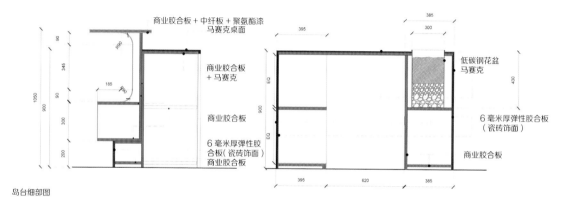

商业胶合板 + 中纤板 + 聚氨酯漆
马赛克桌面

商业胶合板
+ 马赛克

商业胶合板

6 毫米厚弹性胶
合板（瓷砖饰面）
商业胶合板

低碳钢花盆
马赛克

6 毫米厚弹性胶合板
（瓷砖饰面）

商业胶合板

岛台细部图

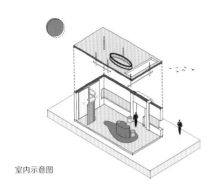

室内示意图

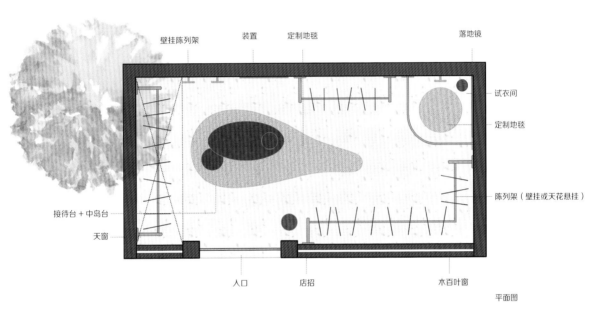

壁挂陈列架　　装置　　定制地毯　　　　　　　　落地镜

试衣间

定制地毯

接待台＋中岛台

陈列架（壁挂或天花悬挂）

天窗

入口　　　店招　　　　　　　　木百叶窗

平面图

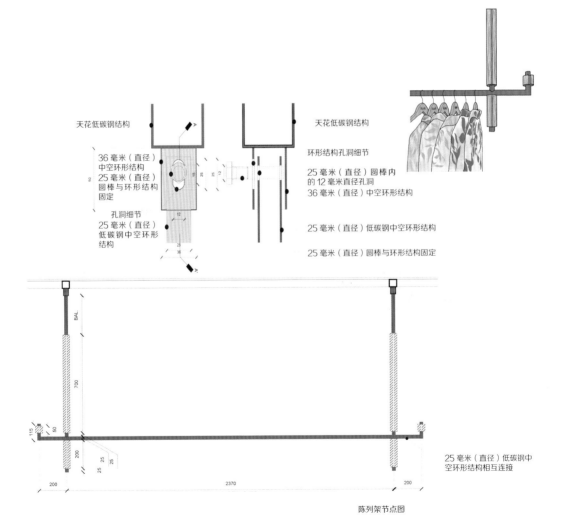

天花低碳钢结构

36 毫米（直径）
中空环形结构

25 毫米（直径）
圆棒与环形结构
固定

孔洞细节
25 毫米（直径）
低碳钢中空环形
结构

天花低碳钢结构

环形结构孔洞细节

25 毫米（直径）圆棒内
的 12 毫米直径孔洞
36 毫米（直径）中空环形结构

25 毫米（直径）低碳钢中空环形结构

25 毫米（直径）圆棒与环形结构固定

25 毫米（直径）低碳钢中
空环形结构相互连接

陈列架节点图

"水一直是 *le soleil de'été* 女装专卖店的灵感元素，因为它带来了更轻快、更平缓、更具适应性的感觉。"

le soleil d'été 女装专卖店

项目地点：

巴西圣保罗 Iguatemi 购物中心

设计机构：

messina | rivas 工作室

摄影版权：

费德里科 · 凯罗里（Federico Cairoli）

项目背景与设计理念

这一项目的设计目标是打造一个能够适应购物中心既有环境的女装店，并要求在两个月之内完工。空间面积为 27 平方米，呈梯形结构，最高高度为 6 米。

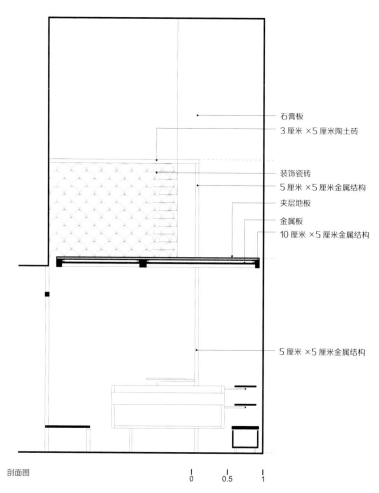

石膏板

3 厘米 ×5 厘米陶土砖

装饰瓷砖

5 厘米 ×5 厘米金属结构

夹层地板

金属板

10 厘米 ×5 厘米金属结构

5 厘米 ×5 厘米金属结构

剖面图

0   0.5   1

如果把整个商场比喻成一个梦幻的世界，那么可以将里面的每一家店铺看作一个独立的水族馆，既要适应整体规则，也要带有自身的特色。因此，设计师将这家店铺比作一个有着 6 条腿的螃蟹、各种小鱼和珊瑚礁的水族馆，并借此来讲述关于水的历史。

一个由金属型材构成的"水体"结构塑造出独特的空间布局，陶土砖构成的鳞片造型存储结构由 6 根支柱支撑起来，别具特色。而其他结构如螺旋楼梯、陈列柜、更衣室、包装台、收银台、陈列架、橱柜，以及店内的商品都从这个主体结构延展开来，如同礁石一般紧密相连。

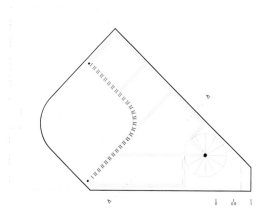

夹层平面图

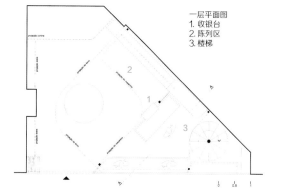

一层平面图
1. 收银台
2. 陈列区
3. 楼梯

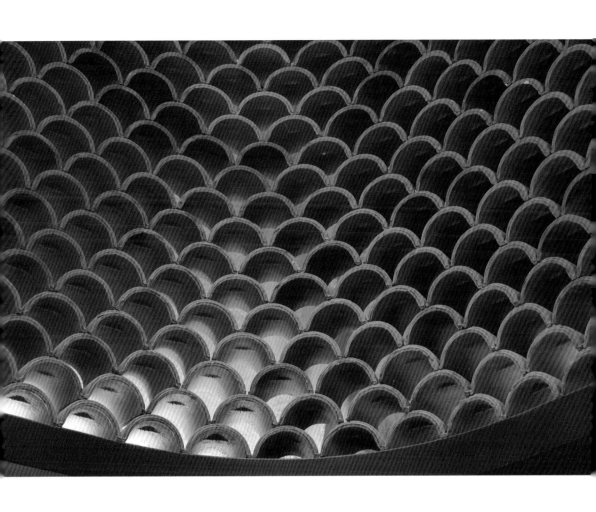

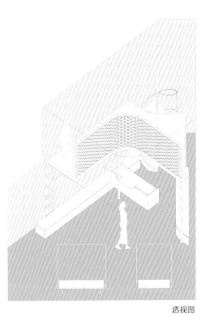

透视图

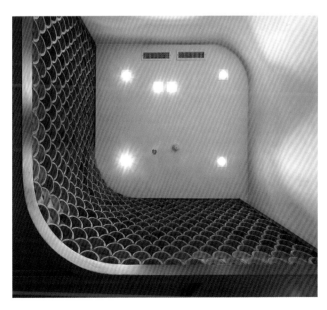

"*Vase 精选服饰店是一家以'经典与前卫'为理念，从世界各地挑选品牌服饰的店铺，打造出环游世界的体验感。*"

Vase 精选服饰店

项目地点：

日本目黑区

设计机构：

Kii inc 设计事务所

摄影版权：

正则钟下

项目背景与设计理念

Vase 精选服饰店位于目黑川沿岸，设计师希望通过运用各种不同的形状、材料和饰面组成一个和谐而别具特色的空间，犹如从世界各地挑选和收集的产品一样，旨在创造一个能够清晰表达店铺理念的地方，充满对各种细节的关注。

一层和二层平面图
1. 收银台
2. 陈列架
3. 陈列台 1
4. 展示柜
5. 架子 1
6. 试衣间
7. 花瓶形状门把手
8. 霓虹照明 1
9. 陈列台 2
10. 桌子
11. 架子 2
12. 架子 3
13. 霓虹照明 2

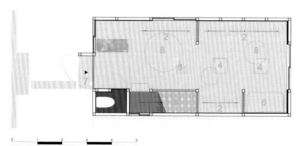

这里曾经是一个破败的小木屋，基本上处于无法使用的状态。设计师将损坏的物件清除，充分利用裸露的框架，并使用白色、灰色砂浆等无机饰面进行了修复。在外观上，只有入口周围的区域被漆成白色，以保留建筑物原有的形象，为街道注入清爽且全新的气息。

一些固定的装置主要采用日常建筑材料打造，如落叶松胶合板、瓦楞板、镀锌和铬酸盐电镀、瓦楞纸板和玻璃。门把手、试衣间挂钩、挂衣架用皮革等功能部件均由 Vase 旗下品牌的设计师制作。

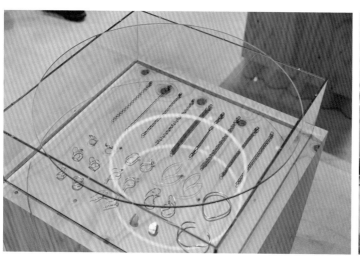

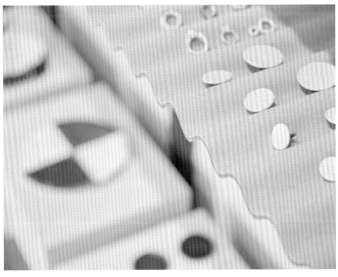

新收集的形状、材料和饰面在旧建筑中整齐排列，但并不是简单地罗列与混合。
设计师保留了木屋中的旧景，但赋予其新的功能，由此产生的对比旨在与独
特的产品产生共鸣，使其成为一个独特的地方。

"设计团队打造了一个放松、灵活且又让人倍感温馨的服饰店，而这恰好
与品牌的前卫特色完美融合。"

60m²

VASQUIAT服饰店

项目地点：
西班牙巴塞罗那普罗班萨街 243 号
设计机构：
Odd 建筑师事务所（Odd Architects）
摄影版权：
何塞·埃维亚（José Hevia）

项目背景与设计理念

近年来，VASQUIAT 已成为市场上强大和极具创新性的时
尚电子商务品牌。其在巴塞罗那成功打造一家快闪店后，
便想要将网络世界的体验转移到实体空间。"我们不仅仅
想做一个实体店，我们寻求的是扩大 VASQUIAT 的影响，

并将市场的本质转移到购物体验上，其主要目的是发现新兴设计师和试衣的时刻，这在网络世界是体会不到的。"首席执行官兼联合创始人拉法·布兰科说。

这家店铺可以说是一个不断更新的实体目录和时尚设计爱好者的交会点，其成功开业是一个真正的挑战，也意味着扩展了线上平台，超越快闪店的形式，成为该品牌在巴塞罗那的旗舰店。

VASQUIAT 服饰店以其广泛的产品目录和独特的活力著称。VASQUIAT 团队每周都会精心策划新品牌和不同类型的产品。"我们需要一个具有 100% 适应性的空间，允许随时展示齐地长的外套、鞋子、帽子、花瓶和陶器等，而不需要对空间结构进行调节"，业主这样描述带来的挑战。为了适应和强调 VASQUIAT 产品的时代性和变化的特殊性，设计团队打造了像轨道一样环绕店面的展台，以便服装和产品可以围绕商店变动，创造出 360 度的动态环线。"试衣间时刻"是空间的一个关键元素，立方体外形加上材料的使用，巧妙地包裹并见证了独特的线下体验时刻。

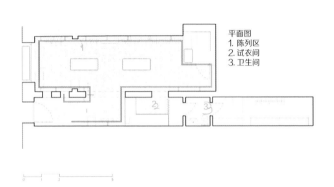

平面图
1. 陈列区
2. 试衣间
3. 卫生间

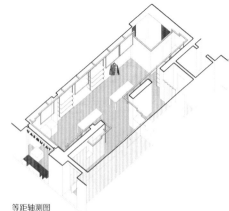

等距轴测图

"设计团队选择了极具趣味性的元素、颜色和纹理的组合，允许人们在其中思考、感知和发现。即便通过单一的颜色也能创造某种和谐，进而营造出统一感。这种平衡让我们打造了一个中性而又个性化的空间。"设计总监这样描述。

未经处理的墙壁和天花尊重先前存在的"加泰罗尼亚拱顶"，展现着空间的原始面貌，同时与新的元素形成对比。地面采用醒目的橙色调地毯铺饰，入口区域的墙壁选用天鹅绒软垫装饰，与地面颜色保持一致。试衣间内部的软垫则选择了引人瞩目的红色天鹅绒色调。

设计师解释说："我们想设计一个中性的容器，以便于使产品脱颖而出，但我们无法爱上它过于简朴的颜色和纹理。"为此，他们将设计过程通过独特的语言诠释出来，并结合铁、木材、天鹅绒等材料，赋予空间别样的氛围。 这些友好而高贵的材料会随着时间的推移与 VASQUIAT 产品的品质结合在一起。

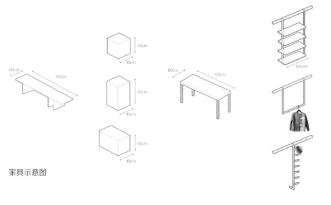

家具示意图

"这是一个让大家可以产生共鸣且熟悉的空间，一个有温度有归属感的空间。不需要夸张的形式与博人眼球的手法，宛如一个西装绅士一般，外表硬朗冷静，内部温馨柔软，这里是定制店，也是超越定制店的一种存在。"

65m²

良制男装定制店

项目地点：
中国南京市秦淮区国家领军人才创业园（国创园）

建成时间：
2021 年

设计机构：
反几建筑（FANAF）

摄影版权：
金啸文 / 怀念树工作室

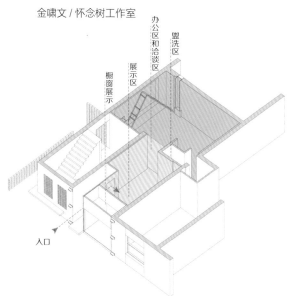

橱窗展示　展示区　办公区和洽谈区　盥洗区

入口

项目背景与设计理念

国创园是南京市主城区内为数不多的，既能保存历史记忆又能产生商业价值的工业遗存之一。2012 年整栋楼改造为办公楼，东侧门厅成为物业办公室的入口空间。改造要求将门厅转化为商业空间，作为良制男装定制店的展示区域，运营模式为预约制，整体氛围空间要求低调且有仪式感。改造空间为 65 平方米，

为了处理好工业尺度和园区中堆砌废弃设备的消极空间，设计师利用南北厂房的间隙创造新的办公流线，沿建筑南侧墙面，经过自然建造的小路到达二楼与三楼办公室。入口低调亲切，与主街的喧闹形成对比。

良 LOUNGE
制 SUIT

设计师对原有门厅进行改造，将原本机械尺度的大门压缩为适合人体尺度的入口空间。外露的洞石地面，挑高的走廊，让进入空间具有仪式感。入口墙面上定制的艺术装置，硬朗的金属骨架配上细腻的砂岩外衣，由黑色渐渐过渡至珍珠灰，宛若一位身着黑色西服的绅士，谦逊有礼地引导着来往的客人，步入室内空间。

改造后空间与街道视线关系要求既通透，又私密。设计师运用蜂巢帘作为橱窗背景，保持两种功能要求同时存在的可能性。外立面过渡采用了透光砖墙与疏林景观结合，能在阳光充盈时透过建筑材质呈现光照纹理。将原砖墙外露刷黑，与旧建筑的红色砖墙形成新旧对比，两个相对的表面形成一种夹缝感，保留记忆并增添新的元素。

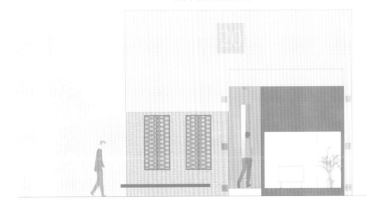

入口立面

由于结构体系不同，设计师通过设计内部不同的层高，体现不同的空间属性。在靠近街道处，橱窗空间层高 2.1 米，与入口廊道的瘦长比例形成高度对比，强调内部空间具有舒适性。两种不同建筑结构将内部空间分为展示区与洽谈区，展示区层高 3.3 米，以干净简洁的块面组合设计方式，简化空间，将今后陈列的衣服作为空间的视觉焦点。洽谈区原建筑层高 5.9 米，设计师调整空间比例，将层高控制在 4.2 米，令人有安全感。在两个空间的分割处，设计弧形裂缝，展示原有的工业空间。

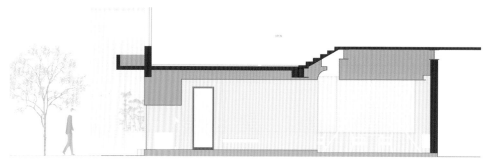

外立面图

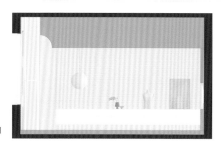 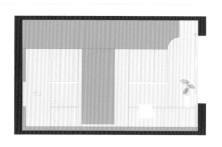

室内剖面图

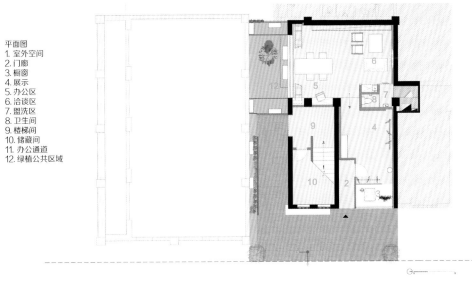

平面图
1. 室外空间
2. 门廊
3. 橱窗
4. 展示
5. 办公区
6. 洽谈区
7. 盥洗区
8. 卫生间
9. 楼梯间
10. 储藏间
11. 办公通道
12. 绿植公共区域

设计师将顶部空间割裂开，给人直观的视觉感受。保留钢楼梯、交叉斜撑等改造痕迹，与时间对话。室内空间色调以明黄色（酪黄色）为主。室内肌理主要为百色熊乳胶漆加多彩水泥，粗糙与细致相互结合，与外立面形成冷暖对比。软装搭配也以手工肌理为主。汉斯·韦格纳（Hans J.Wegner）的 CH24 椅子以及 &Tradition 品牌花苞系列台灯，柔软的手工编织材质搭配温暖的色调。层层映射的温暖灯光让新的结构与旧的风貌交织，门厅的简约舒适成为旧厂房中别样的风景。

家具

68m²

FICURINI 概念店

项目地点：
希腊哈尔基季基半岛阿菲托斯

设计机构：
Normless 设计工作室
（Normless Studio）

摄影版权：
乔治·斯法基纳基斯
（George Sfakianakis）

项目背景与设计理念

FICURINI 概念店坐落在阿菲托斯一个布满石屋的海滨小村落内，设计师希望能够在这个安静而美丽的背景中展现品牌独特的产品，将当地的风景和建筑特色融入进来，并以极简主义美学为基础，与品牌形象相互呼应。

设计师巧妙运用极简手法，精致的拱形造型成了空间的主角，并在室内外空间均有呈现。他们自然而然地避免了多余的装饰元素，旨在为不同产品营造一个简约而强大的陈列背景。专门选择的泥土色调和自然材质呈现出丰富的质感，如砂浆、木材、大理石，并与金属陈列架和照明装置形成强烈而鲜明的对比。不同造型的大理石结构散布在空间之内，展示出原始天然的美学特色。

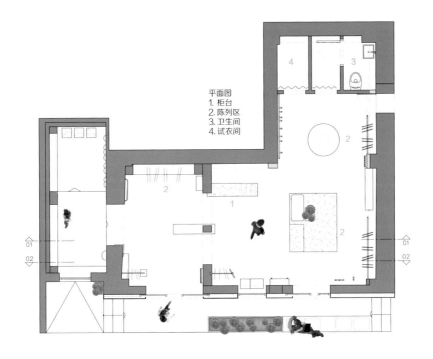

平面图
1. 柜台
2. 陈列区
3. 卫生间
4. 试衣间

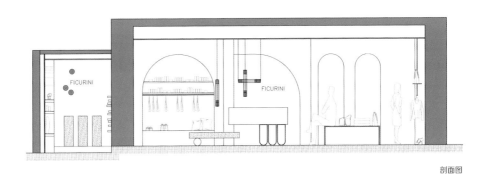

剖面图

这家店铺给人的感觉就像是原本生长在风景如画的海滨小村落内，与周围的环境完美融合，但又不完全只属于那里，有着专属于自己的独特与新奇。

"阳光是美味的，雨是清爽的，风让我们振奋，雪令我们开心；没有所谓的坏天气，有的只是不同类型的好天气。我们希望 THE ILMA 品牌店每时每刻都被正能量包围，每天都有好天气。"

THE ILMA 品牌店

项目地点：
韩国首尔江南区清潭洞

设计机构：
LABOTORY 工作室

摄影版权：
崔永俊（Choi Yong Joon）

项目背景与设计理念

ILMA 在芬兰语中意为"天气，空气"。该品牌在服饰行业拥有近 20 年的历史，共有 8 家品牌店。场地不同，每家店的设计和理念也不同。位于清潭洞的品牌店是在如日中天的发展过程中创建的，因此必须非常小心地表达空间的认同感。现有的品牌和空间标识基于现代主义，因此设计师希望关注现代主义更深层次的起源，通过诠释作为现代主义基础的构造主义艺术家埃尔·李西茨基的艺术作品，并将艺术作品的几何图形引入空间中，运用重叠、排列、肌理对比的元素，清晰地表达空间的身份。

第一个设计元素是造型和质感的对比性。这种对比从入口开始，通过形式和材料的对比，被生动地展现出来。设计师在黑色建筑的中心，试图用独特的属性来展现空间。外立面表现为一种抽象的、动态的风格，通过安排圆形和直线来消除平淡与枯燥。饰面材料以各种方式增加了空间的体量，白色橡木圆形柱子看起来像是重叠在透明玻璃和粗糙的石粉处理的特殊油漆之间，传递了厚重的感觉。

此外，圆形柱子在店面一侧的外部用冷石粉进行了处理，粗粝感十足，而在店内部分则用温暖的白栎木粉饰，规则而整齐，巧妙地在内外之间形成对比。这种对比手法以一种连续、重复的方式呈现在墙面和家具上。4 种饰面材料——粗糙的石粉、透明的玻璃、温暖的木材和冰冷的金属——相互连接和重叠，来表达不同的天气条件。

平面图
1. 入口
2. 柜台
3. 陈列区
4. 试衣间

第二个设计元素是材质与结构的相互包容性。在店里，随处可以感受到凹凸不平的纹理，从天花板到"┐"形的墙壁，由混凝土硬化剂制成的饰面包围的空间，以及从地板到"∟"形状的墙壁。空间内的一个大圆体块通过"拥抱内部"提供了温暖舒适的感觉。

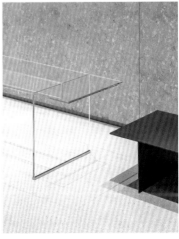

第三个设计元素是按不同顺序制作的几何图形。在每一个序列中，圆形、矩形、曲面、平面、线条等元素以墙、柱、衣架、家具、货架、椅子、柜台、试衣间、圆墙的形式相互重叠缠绕，为空间提供节奏和乐趣。

Flo 服饰店

项目地点：

摩尔多瓦基希讷乌

设计机构：

AB+ 合伙人事务所

摄影版权：

奥列格·巴尤拉

项目背景与设计理念

这一设计是对历史建筑进行更新的尝试，旨在将一个毫无特色且失去了所有特征的办公空间改造成极具体验感与历史意义的服饰店。

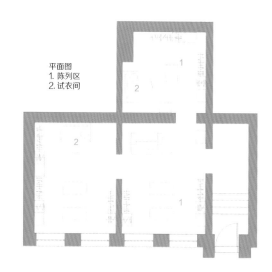

平面图
1. 陈列区
2. 试衣间

建筑主体结构被保留下来，设计师只是对内部空间进行重新装饰。原有的地毯被移除，将原有镶木地板裸露出来，复原历史气息。在撕除墙纸之后，采用高雅的蓝色漆进行粉刷，并保留时间带来的印记，仿佛在诉说沧桑历史。设计师从文艺复兴时期的意大利建筑获得灵感，在天花上创作了大幅的壁画，赋予空间独特的历史精神和非凡的历史意义。壁画与墙面颜色相得益彰，共同营造了温馨、和谐、舒适的购物氛围。

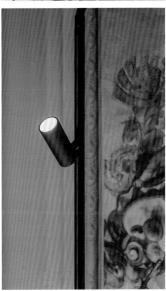

在家具选择上，设计师采用了不同的方式——极简主义风格作为主导，避免经典的文艺复兴风格。这样做的目的是为了与历史感构成一个强烈的对比，二者既能够和平共处，也能够互相凸显。

"Element 买手店是一家主营日式野营服饰和用品的快闪店铺，在设计时充分考虑家具和装饰的灵活性，并融入自然和探索的元素，与该店主题契合。"

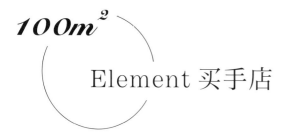

Element 买手店

项目地点：

四川省成都市高新区天府二街 777 号负一层

设计机构：

上海彦文建筑工作室（EtelierA）

摄影版权：

朱彦文

项目背景与设计理念

Element 买手店位于成都一家商业空间的负一层，买手店的性质决定不能对地面、天花和墙体等结构进行破坏性装修。设计师因此借用艺术装置的概念，在店中安放两个大块木箱结构，分别置于这个狭长空间的前部与底部，中间以松木梁架结构连接，箱体内部在功能上作为展示区、收银区、存储区和试衣间，整体动线设计使得顾客在环绕这两个结构时，穿梭于野营用品和盆栽植物之间，仿佛有一种露营探险的体验。

BE WILD AND BE FREE

SIDE

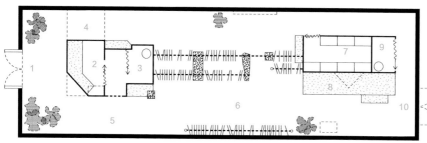

平面图
1. 入口
2. 收银区
3. 试衣间 A
4. 配饰陈列区
5. 陈列区
6. 衣架展示区
7. 存储区
8. 多功能台阶
9. 试衣间 B
10. 安全出口

与一般服饰店"两侧展示、一目了然"的常规布局不同，置于进门处的箱体遮挡了店铺全貌，从外面看，只可窥见店内一小部分丛林般的陈设。该结构的木板经过烟熏处理呈深棕色，为倒置"L"形，两侧形成通道，一边宽敞，一边狭小似洞穴入口，引起顾客进店探索的好奇心。这样的结构也具有功能性，无法在地板用螺栓固定，倒置"L"形一端靠墙起到了平衡作用。而店铺内部的箱体保留原色，在盆栽植物的衬托下，模拟露营小木屋的感觉。木箱一侧设计为阶梯，可展示商品，也可在店内举办活动时作为座位使用。

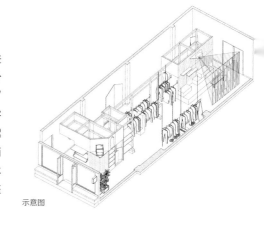

示意图

店铺装饰采用原始、有质感的材料，营造自然的环境。大量使用松木及复合板等易加工的材料，方便现场制作搭建，支架底端用大理石毛石加以固定，金属衣架杆以砌块砖矮墙支撑，并用尼龙带从天花悬挂固定，尼龙带方便调节，且为野营服饰常用的材料，使装饰与店内商品融于一体。木箱立面装饰洞洞板，配合金属挂钩和插入式层板，给展示布置提供最大的自由度。

100m²

PUBBLICHE RELAZIONI 服饰店

项目地点：

意大利切里尼奥拉

设计机构：

Silvio Girolamo 设计工作室

（Silvio Girolamo Studio）

摄影版权：

罗萨丽娅·洛伊亚科诺

（Rosaria Loiacono）

项目背景与设计理念

店铺选址在城市内曾经废弃的一座建筑的一层，经过改造，改变了其往日破败荒凉的形象，店面外观简约而清新，以温和与恬淡的姿态迎接着每一个顾客的到来。

店内依然以极简主义美学为基本理念，同时要确保空间的舒适性。设计师大量运用了不同的几何造型，如墙壁上专门打造的雕塑装饰，大理石面板的独特形态以及家具顶部的结构。粉色是店内的标志——店中央的阶梯状陈列架以及试衣间内部全部采用粉色装饰，营造出柔和的女性气息，与品牌形象相契合。墙壁与天花采用淡雅的白色，在视觉上扩大了空间的面积，又能够与粉色完美融合。为了充分利用空间，这里所有的家具都是专门定制的，如"H"形的镀铬衣架，高度相同，但为适应空间，长度却存在一定的差异。

平面图
1. 橱窗
2. 陈列台
3. 陈列架
4. 柜台
5. 试衣间
6. 卫生间

"我们希望顾客置身于一个'景'里面，让其围绕商品体验走动，感受空间层次和节奏的变化。用古典元素现代演绎的手法来营造整个空间，随着顾客的运动而变化，带来丰富的空间互动感受。"

110m² OR 买手店

项目地点：
重庆
设计机构：
乐子设计（LAS Design）
摄影版权：
言隅建筑空间摄影（INSPACE）

项目背景与设计理念

OR 是 Option Right 的缩写。它代表着原创、自由、突破、适用等内涵。这里不仅是一家买手店，它同时是一个新锐设计师孵化器。OR 品牌倡导独立审美与坚持自我的时尚精神，并整合艺术、文化、娱乐、商业等资源，构建时尚生活新文化、新体验与新价值，引领当代艺术文化与时尚生活双向融合赋能的可持续发展。

OR 买手店的空间设计并未急于跟随当代潮流造型的快速变换和不同时期的色彩偏好，而是取灵感于欧洲建筑的先河——古希腊建筑。设计师去除烦冗、回归经典的设计理念，从西方古典主义符号、现代主义材料、东方文化艺术中攫取元素，经由当代艺术手法的演绎，呈现出东意西形的外在美学，以及低调中有张扬、内敛中有丰盛的精神内核，最终融会出专注于生活美学底蕴的一方叙事空间。

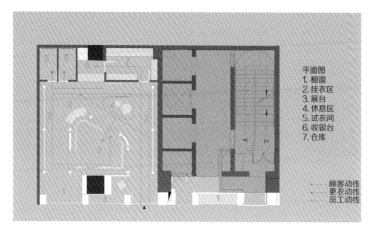

平面图
1. 橱窗
2. 挂衣区
3. 展台
4. 休息区
5. 试衣间
6. 收银台
7. 仓库

┈┈┈ 顾客动线
┈┈┈ 更衣动线
┈┈┈ 员工动线

东意西形，雅致中张扬

设计师将古希腊建筑中的柱式结构通过现代化处理运用在空间中，形成回廊式游逛动线，曲折之间赋予空间无尽的变化。蜿蜒曲折的动线让探店不再一览无遗，而是成为一个充满不断探索和发现的旅程。

定制的木质廊柱不仅在色彩上传达了东方典雅的意蕴，又在造型上传承了欧式的古典柱式雕刻手法，中西文化碰撞后，空间格调呼之欲出。线条的可塑性、极简的艺术性，在回廊中被运用到极致，设计师以光源作为柔性的牵引，烘托出曲直有序会合的空间美学感。

而古典建筑中回形顶规则的结构特点以及层叠式的延伸形式则被诠释在空间的造型顶面和地面上。造型顶面是脱离天花板而独立存在的装置，在整个空间中形成极具冲击力的记忆点。回形弧形穹顶散发出熹微渐变的柔光，庄严但并不凌冽，分寸间的明暗差异透露着"明亮"与"内敛"的相互制约。

交错渐次的柱与半拱结合、递进至几何折叠对称空间的尽头，构建出时间与空间的延伸感，线性的节奏韵律指引行进体验向内延伸。星空蓝砖的地面铺装不仅呼应着回形顶建筑元素，也引发人们对蔚蓝天空的遨游联想，带来静谧和谐的舒适感。

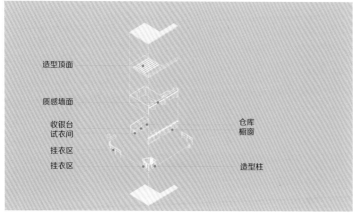

造型顶面

质感墙面

收银台
试衣间

挂衣区

挂衣区

仓库
橱窗

造型柱

功能分析图

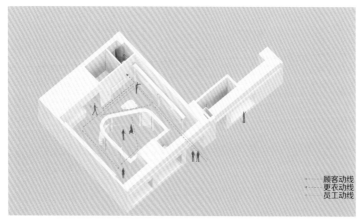

┈┈┈ 顾客动线
┈┈┈ 更衣动线
┈┈┈ 员工动线

空间分析图

石柱

古希腊建筑的柱式结构经现代化处理运用在空间中，形成回廊式游逛动线

回形顶

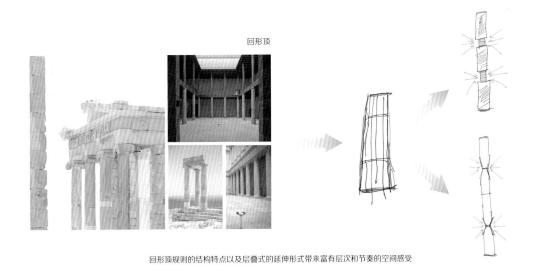

回形顶规则的结构特点以及层叠式的延伸形式带来富有层次和节奏的空间感受

设计概念

木石良缘，婉转里诉说

空间中主背景的材质以黄洞石为主，搭配点缀着深深浅浅自然文脉的绿松石材，山峦叠嶂与林间绿意诠释着紧密的木石良缘，呈现出温和内敛的自然美，恍惚间错觉步履山林。不同肌理、不同色调婉转空间的墙面，经过多次反复调试，在温润木色低调衔接里收整和谐，不经意的美中却又透露着刻意为之的积蕴沉淀。家具陈设诠释内敛而简洁的静物美学，优雅而精致。层叠延展的光线，有如海浪拍击的余韵，洋溢着浪漫与奢华。不锈钢与绒面，是坚硬与松软的对抗；石材天然纹路与布艺沙发纹理，却又是自然与人造的贯连。简单含蓄而有细节的各种元素和谐并存于一室，温润的光晕、肌理、色彩与用材质地，营造着宁静温雅的空间氛围。那一红一绿便是空间唯一的跳色，淡然中萌发新的生命力。

设计师透过故事化的视角、古希腊的基调，展开一幕幕恣意生动的场景画，尽可能渲染出独一无二的空间情绪，实现艺术与商业无界融合的状态，为触动人心而创造个性无限的融合式消费体验。

"时尚品牌芒果（Mango）着手打造了一个针对 11~13 岁青少年的品牌，而 Masquespacio 设计事务所为其打造了一个超时空的梦境空间。"

芒果青少年品牌店

120m²

项目地点：
西班牙巴塞罗那拉玛金尼斯塔购物中心

设计机构：
Masquespacio 设计事务所
（https://www.masquespacio.com）

摄影版权：
路易斯·贝尔特兰（Luis Beltran）

项目背景与设计理念

在塞维利亚、马德里和巴塞罗那的快闪店测试了芒果青少年品牌的概念后，这家零售商选择在巴塞罗那拉玛金尼斯塔购物中心创建一个永久空间。设计师与品牌团队密切合作，旨在打造全新的空间标识。他们致力于寻找与青少年生活方式的连接点，从色彩、体验感以及互动吸引力等方面着手，创造独特的购物氛围。

该项目设计总监安娜·赫尔南德斯提道："作为一名青少年,最好的事情就是可以一直生活在充满梦想的世界里。不必去考虑年龄的限制,怀揣着远大的理想,不断地去探索,去发现未知的事物。"因此,设计师以超现实的梦境为理念,从不同的视角并运用不连贯的元素打造了一个梦幻的空间。在入口处专门设计了一个背光隧道,顾客通过这里便进入梦幻的世界。"入口隧道带着我们来到未来,让梦想成真。"在这里,梦想通过各种元素成了现实,可以与周围的物体进行互动。

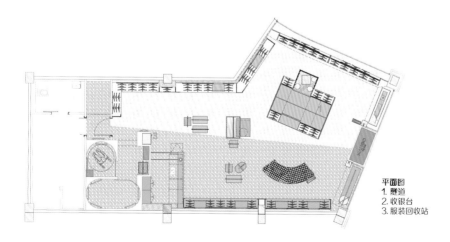

平面图
1. 隧道
2. 收银台
3. 服装回收站

梦的每个部分都为空间发展了特定的功能，酒店前台（收银台）、游泳池（用反光材料包裹的试衣间）和洗衣机（服装回收站）等不连贯的元素鼓励年轻购物者用他们的想象力为典型场景赋予新的生命，让他们的想象力流动，并以他们梦想的方式使用空间。

服装陈列结构的设计同样突破常规的使用形式，这是对传统的挑战，也是对梦想的回应。在色彩运用上依然秉承超现实的概念，以柠檬绿和亮橙为主，一面是传统的亚光饰面，另一面是象征着未来主义的反射色，创造了一个不同寻常的组合，并通过色彩运用将过去与未来连接。

试衣间的设计融入了元宇宙概念，通过扭曲现实的光学效果满足了青少年顾客的需求，既是对他们生活方式的回应，也打造了令人难忘的购物体验。

主要设计机构（设计师）列表

AB+ 合伙人事务所（AB + Partners）
https://abandpartners.net/
AtMa 设计公司（AtMa inc.）
https://atma-inc.com/

CASE-REAL 建筑设计工作室
http://www.casereal.com

en-route-architecture 建筑事务所（en-route-architecture）
https://www.e-r-a.net/

反几建筑（FANAF）
fanaf@fanaf.net
FORO 工作室（FORO Studio）
https://www.forostudio.com/

Kii inc 设计事务所（Kii inc）
http://kiiinc.jp
KOIS 联合建筑事务所（KOIS ASSOCIATED ARCHITECTS）
https://www.koisarchitecture.com/

LABOTORY 工作室（LABOTORY）
www.labotory.com
乐子设计（LAS Design）
http://www.lasdesign.cn/

Masquespacio 设计事务所（Masquespacio）
www. masquespacio.com
messina | rivas 工作室（messina | rivas）
www.messinarivas.com

mptns 设计事务所（mptns）

https://www.mptns.com/

Normless 设计工作室（Normless
Studio）

www.normless.gr

Odd 建筑师事务所（Odd Architects）
https://thisisodd.es/
Offhand Practice 室内建筑设计工作室
https://offhandpractice.com/

帕姆建筑设计咨询（北京）有限公司（PaM
Design Office）
miqiangqiang@pamdesignoffice.com

帕特丽夏·布斯托斯设计工作室 (Patricia
Bustos Studio）
https: //www.patricia-bustos.com
pluslines 设计工作室
plus_lines@hotmail.com
PORTAL92 设计事务所
https://portal92.in/

上海彦文建筑工作室（EtelierA）
www.ateliera.cn
Silvio Girolamo 设计工作室 (Silvio Girolamo
Studio)
https://www.silviogirolamo.com/
Subject Subject 事务所（Subject Subject）
https://www.subjectsubject.com/

图书在版编目（CIP）数据

小空间设计系列．III．服饰店 / 陈兰编．— 沈阳：
辽宁科学技术出版社，2024.1
ISBN 978-7-5591-2829-4

Ⅰ．①小⋯ Ⅱ．①陈⋯ Ⅲ．①服饰－商店－室内装饰
设计 Ⅳ．① TU247

中国版本图书馆 CIP 数据核字（2022）第 230625 号

出版发行：辽宁科学技术出版社
　　　　　（地址：沈阳市和平区十一纬路 25 号　邮编：110003）
印　刷　者：辽宁新华印务有限公司
经　销　者：各地新华书店
幅面尺寸：170mm×240mm
印　　张：12.5
插　　页：4
字　　数：200 千字
出版时间：2024 年 1 月第 1 版
印刷时间：2024 年 1 月第 1 次印刷
责任编辑：鄢　格
封面设计：何　萍
版式设计：何　萍
责任校对：韩欣桐

书　　号：ISBN 978-7-5591-2829-4
定　　价：98.00 元

联系电话：024-23280070
邮购热线：024-23284502